BEI GRIN MACHT SICH IHR WISSEN BEZAHLT

AF301328

- Wir veröffentlichen Ihre Hausarbeit, Bachelor- und Masterarbeit

- Ihr eigenes eBook und Buch - weltweit in allen wichtigen Shops

- Verdienen Sie an jedem Verkauf

Jetzt bei www.GRIN.com hochladen und kostenlos publizieren

Richard Moritz

Das Erdmagnetfeld. Sein Verhalten und die Folgen

GRIN Verlag

Bibliografische Information der Deutschen Nationalbibliothek:

Die Deutsche Bibliothek verzeichnet diese Publikation in der Deutschen National-
bibliografie; detaillierte bibliografische Daten sind im Internet über http://dnb.d-
nb.de/ abrufbar.

Impressum:

Copyright © 2013 GRIN Verlag GmbH
Druck und Bindung: Books on Demand GmbH, Norderstedt Germany
ISBN: 978-3-656-53718-2

Dieses Buch bei GRIN:

http://www.grin.com/de/e-book/263788/das-erdmagnetfeld-sein-verhalten-und-
die-folgen

Richard Moritz

Das Erdmagnetfeld

Sein Verhalten und die Folgen

Inhalt

Vorwort

Der Erdmagnetismus ist verstärkt ins Blickfeld der Öffentlichkeit gerückt, seit bekannt geworden ist, dass ein möglicher Polwechsel bevorsteht.

Nicht nur seriöse Wissenschaftler haben sich des Themas angenommen, sondern auch Panikmacher und Weltuntergangsspezialisten. Mögliche Folgen und auch Gefahren infolge eines Zusammenbruchs des Magnetfelds sind natürlich nicht von der Hand zu weisen.

Umkehrungen der Magnetrichtung sind natürliche Phänomene, welche zyklisch wiederkehren. Mögliche Folgen für das Leben und/oder den Menschen sind nicht zweifelsfrei belegt. Seit es Menschen auf der Erde gibt hat es mehrere Umkehrungen gegeben. Ales was wir darüber wissen basieren auf wissenschaftlichen Erkenntnissen und Hochrechnungen.

Das Problem ist das gleiche wie bei der Eiszeit. Der moderne Mensch hat weder den Beginn einer Eiszeit, noch einen Wechsel der Magnetpole direkt beobachtet und aufgezeichnet. Die Wissenschaft ist auf Indikatoren und Simulationen angewiesen. Die relevanten Parameter sind nur teilweise bekannt. Das Ausmaß ihres Einflusses, vor allem aber das komplexe Zusammenspiel, bzw. die kombinierten Wirkungen, liegen weitgehendste im Dunkeln.

Bei dem Versuch die Prinzipien der Komplexen Koexistenz auf die bekannten Parameter anzuwenden, stieß ich auf eine fehlende Komponente in den Theorien über den Erdmagnetismus. Daher dieser Beitrag zum Thema.

1 Magnetismus

Zunächst einmal einige Faktoren über den Magnetismus. Seine Ursachen (Ursprung) ist nicht fällig geklärt. Die Theorie der Feldlinien geht auf James Clerk Maxwell zurück. Magnetismus ist eine Wirkung von bewegter elektrischer Ladung. Er ist eine Sekundärerscheinung der Bewegung, nicht der Ladung selbst. Eine ruhende elektrische Ladung oder elektrisches Feld rufen kein magnetisches Feld hervor. Magnetismus tritt, ähnlich wie Gravitation, nur durch seine Wechselwirkungen in Erscheinung. Wenn wir von Magnetismus sprechen, reden wir vom Magnetfeld, bzw. seinen Wirkungen.

1.1 Schultheorie

In den Schulen wird auch heute noch gelehrt, dass es sogenannte Urmagnete gibt. In Metallen sind diese ungeordnet. Bringt man sie in ein Magnetfeld, so richten sie sich aus und verstärken sich. Entfernt man das Feld, gehen sie in ihre Unordnung zurück. Diese Theorie stützt sich auf die Tatsache, dass Magnete nur als Dipole in Erscheinung treten. Bei ferromagnetischen Stoffen bleibt die Ordnung auch nach der Erregung erhalten und so entsteht ein neuer Magnet – ein Dauermagnet. Eine sehr einfache Theorie, die zwar veraltet, aber auf den Erdmagneten sehr gut anwendbar ist (siehe Kap.3).

1.2 Elektronenspin

Das Zusammenspiel elektrischer und magnetischer Kräfte ermöglichen den Aufbau der Matere aus elektromagnetischen Wellen, also aus Energie[1]. Alle atomaren Teilchen besitzen einen sogenannten Spin. Damit ist eine Eigenrotation dieser Teilchen gemeint. Die Summe der rechtsdrehenden und linksdrehenden Teilchen ergibt immer null.

Der Elektronenspin ist als Ursache des Magnetismus wissenschaftlich anerkannt.

„Der Spin eines Elektrons ist neben Masse und elektrischer Ladung eine der grundlegenden Eigenschaften des Elektrons. Anders als Masse und Ladung ist der Elektronenspin jedoch eine rein quantenmechanische Größe, die der Anschauung nicht zugänglich ist

Der Spin des Elektrons kann zwei Werte annehmen, die gewöhnlich als +1/2 und -1/2 bezeichnet werden. Aufgrund der Symmetrie des Spins unter Rotationen wird der Spin oft analog zum klassischen Drehimpuls verstanden, obwohl die Analogie nur beschränkt gültig ist. „[2]

Nun darf man sich das Elektron nicht als homogenes Kügelchen vorstellen. Vielmehr ist es eine rotierende (stehende) Welle deren elektrische Ladung sich kreisförmig bewegt.[1] Jede bewegte elektrische Ladung generiert (eine) Feldlinie(n). Diese steh(t)en 90° zur Bewegungsrichtung. Das sind die Urmagnete. Nur dass sie nicht ungeordnet sind, sondern ihr Spin ist nach energetischen Bedingungen geordnet. Leitet man nun einen elektrischen Strom durch einen Leiter, so wird diese Ordnung gestört (bzw. es entsteht eine neue Ausrichtung. Daraus resultiert ein Magnetfeld. Bringt man nun einen ferromagnetischen Stoff in dieses Magnetfeld, so richten sich seine Elektronen aus und verstärken damit das äußere Magnetfeld. Diese Stoffe haben zudem die Eigenschaft, die neugeordnete Ausrichtung aufrecht zu erhalten. Bei nichtmagnetischen Stoffen richten sich die Elektronen wieder gemäß ihrer vorherigen Ordnung aus.

2 Das Dynamoprinzip

Bewegt man einen elektrischen Leiter in einem Magnetfeld, in einer Art dass Feldlinien geschnitten werden, dann wird eine elektrische Spannung erzeugt. Wird der Leiter kurzgeschlossen, fließt ein Strom. Hier kommt das Induktionsprinzip zum Tragen.

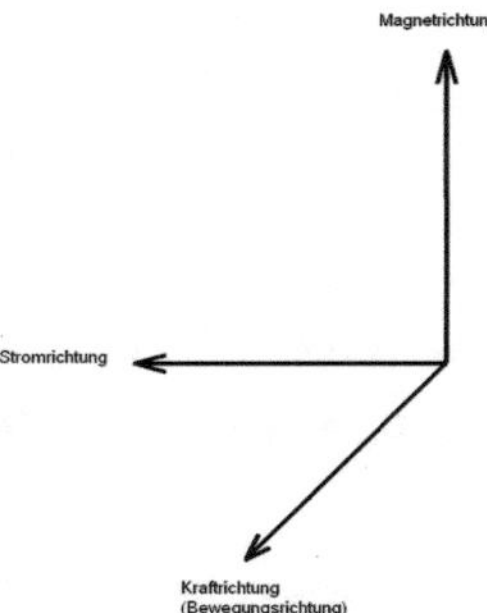

Bild 1 Das Dynamoprinzip

Stromfluss und Magnetfeld stehen 90° zueinander, Die Kraftrichtung steht 90° zur elektromagnetischen Ebene. Wir haben damit ein stabiles doppeltkomplexes System. (Doppeltkomplex bedeutet, dass der Energiefluss einer Ebene durch einen Nullvektor blockiert ist. Ein weiterer Energiefluss ist nur in eine andere Ebene (Dimension) möglich

--> Theorie über die Komplexe Koexistenz.[1]

2.1 Dynamo Erde

Das Prinzip des Dynamos lässt sich bedingt auch auf das System Erde anwenden.

Stellen wir uns das Magnetfeld der Erde als feststehend vor und lassen dann die Erde in diesem Feld rotieren. Es entstehen Ströme, welche ihrerseits ein Magnetfeld aufbauen und wir haben einen selbstinduzierenden Dynamo.

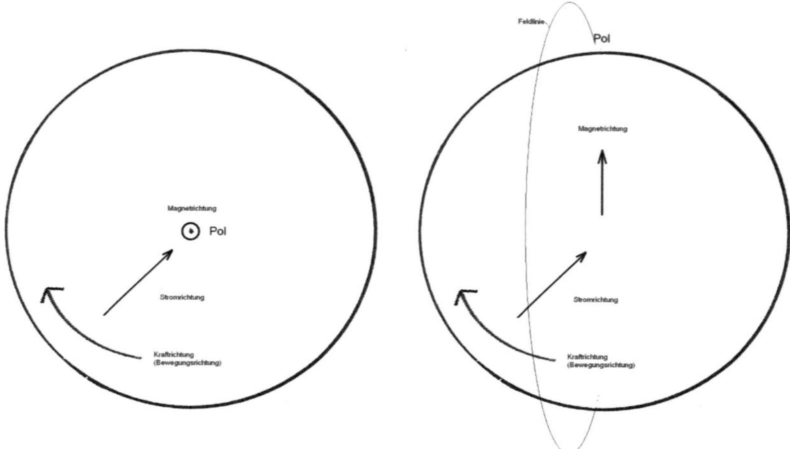

Bild 2 Dynamo Erde

Das Magnetfeld ist aber nicht feststehend und es dreht sich mit der Erde mit. Dennoch wollen wir diesen Gedanken weiterentwickeln.

Die Erde ist keine homogene Kugel. Sie ist ein Ball aus Flüssigkeit mit einer festen Kruste. Auch ist die Rotationsgeschwindigkeit nicht konstant, sondern variiert. Langfristig hat sich die Drehgeschwindigkeit verringert. Die Tage sind heute viel länger, als zu Dinos Zeiten.

Wie wirkt sich die Geschwindigkeitsänderung aus?

Zum Vergleich nehmen wir einen großen Schmelztiegel mit flüssigem Metall. Wir versetzen den Tiegel in Rotation. Zu Beginn dreht sich nur der Tiegel und die Schmelze bleibt stehen (Masseträgheit). Durch die Reibung an der Tiegelwand wird die flüssige Masse mitgenommen, bis sie irgendwann die gleiche Geschwindigkeit wie das Gefäß hat. Nun bremsen wir den Tiegel ab. Der Inhalt dreht sich zunächst mit unveränderter

Geschwindigkeit weiter, wird dann durch die Reibung an der Behälterwand gebremst, bis ein Gleichstand erreicht ist.

Es gibt einen solchen Schupf zwischen Erdkern und –mantel. Zurzeit beträgt er 1-2°/Jahr[3]. Daten aus früheren Zeiten, besonders aus Zeiten von Umpolungen liegen nicht vor. Es ist für unsere Überlegungen auch unerheblich, ob sich das Erdmagnetfeld mit dem Kern oder dem Mantel dreht, den Schlupf gibt es so oder so und daher ist das oben beschriebene Dynamoprinzip anwendbar. Der Schlupf kann positiv (schneller) oder negativ (langsamer) sein. Existiert kein Schlupf, ist das Dynamoprinzip nicht anwendbar, da dann keine Feldlinien geschnitten werden und somit keine Induktion erfolgt.

Betrachten wir eine der beiden Rotationen als Bezugssystem (im Sinne der Lorenz Transformation), so befindet sich das andere rotierende System als zum Bezugssystem relativ in Bewegung. Für die Berechnung würde man der Einfachheit halber Δv bzw. $\Delta \omega$ einsetzen.

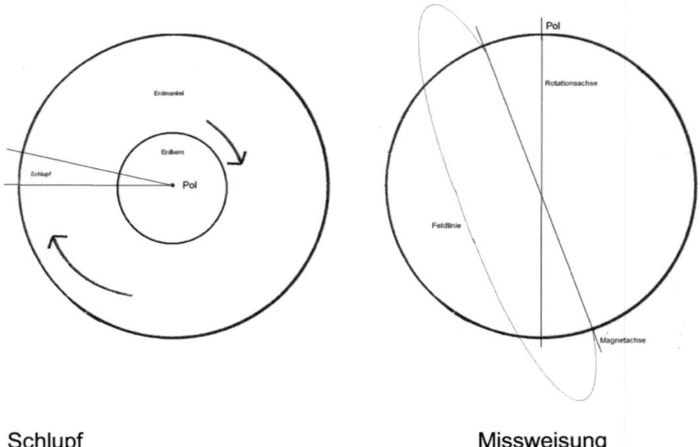

Schlupf   Missweisung

Bild 3

Während am Äquator die Feldlinien nahezu parallel zur Rotationsachse verlaufen, drehen sie sich zu den Polen hin zunehmend quer zur geografischen Nord-Südachse.

Der Winkel zwischen Rotations- und Magnetachse (Missweisung beim Kompass) hat ebenfalls einen endscheidenden Einfluss auf die Stärke des Magnetfelds.

Für die Veränderungen der Rotationsgeschwindigkeit nennen die Wissenschaftler viele mögliche Ursachen, die auf die Erdkruste einwirken. Klimafaktoren, kosmische Ereignisse, Neigung der Erdachse zur Ekliptik und viele mehr sind Einflussparameter. Etliche periodisch wiederkehrende Einflüsse sind inzwischen bekannt, einige gelten als signifikant, aber keiner konnte bislang als bestimmend nachgewiesen werden. Die Forschung konzentriert sich auf Masseverlagerungen und auf kosmische Einflüsse. Auch die Geschwindigkeit des Erdkerns kann sich verändern.

„Dave Rubincam vom Goddard Space Flight Center der NASA hat eine Theorie entwickelt, die Schwankungen in Erdkern und Erdmantel erklärt. Rubincam nimmt an, dass sich im äußeren flüssigen Erdkern aufgrund der

Hitze dann und wann aufsteigende Blasen („Blubbs") bilden, die wärmer und damit weniger dicht sind als ihre Umgebung. Im Erdmantel existieren ebenfalls Dichte-Anomalien (siehe bild der wissenschaft 04/2002, „Von Glutpilzen und heißen Flecken"). Da die Schwerkraft bei dichteren Bereichen von Erdkern und Erdmantel stärker ist als bei weniger dichten Anomalien, entsteht ein Drehmoment – eine Kraft, die die Drehung des Erdmantels relativ zu der des Erdkerns abbremst oder beschleunigt, je nach Verteilung der Anomalien"[4].

3 Polwechsel

Zurzeit dreht sich die Erde schneller[4]. Das bedeutet, dass sich der Schlupf zwischen Kern und Erdmantel verringert. Der Einfluss des o.a. Dynamoeffekts wird schwächer. Sind die Geschwindigkeiten gleich, verschwindet er völlig. Geht die Beschleunigung weiter, so ist der Kern langsamer als der Mantel und der Schlupf entsteht in entgegengesetzter Richtung (siehe Beispiel mit dem Schmelztiegel). Mit der Richtung des Schlupfes ändert sich auch die Richtung des Magnetfelds und damit auch seine Polarität. Es baut sich ein neues umgekehrtes Magnetfeld auf.

Rechnet man die derzeitigen Daten hoch, so könnte der Schlupf in etwa 500 Jahren auf null zurückgehen. Das ist nur theoretisch und hängt in zunehmendem Maße von anderen Ursachen ab. Wir haben es hier mit einem doppelkomplexen System zu tun. Solche Systeme haben typische Verhaltensmuster. Jeder Vektor (Kraft- oder Energievektor) generiert einen von seiner Größe abhängigen Gegenvektor. Der Gegenvektor vergrößert sich bis zu einem Punkt, an dem ein Gleichstand beider Vektoren erreicht ist.

Auf die Erde bezogen bedeutet das: Der Erdkern ist, wegen seiner höheren Trägheit, als dominante Größe zu sehen. Er dreht sich schneller und beschleunigt den Mantel. Als Folge davon vergrößert sich die Fliehkraft, die Massen werden nach außen verlagert und bremsen den Mantel (Pirouetten-Effekt). Das System strebt einen Gleichgewicht zu. Je näher es dem Gleichgewicht kommt, umso anfälliger wird es für Störungen von außen. Eine dieser äußeren Einflüsse ist die Reibung zwischen Erdkern und –mantel. Dem System wird ständig Energie entzogen; es strebt einen Stillstand zu. Ein weiteres dominantes System, welches dem Ende zu strebt, ist hier zu nennen:

Die Eiszeit

Während der Eiszeit wurden riesige Mengen Wasser aufs Festland verlagert und eingefroren. Da sich die Lagerstätten (Gletscher) in den Polregionen befanden, wurden Massen näher an die Rotationsachse gezogen, was zu einer Beschleunigung der Rotation führte. Der Meeresspiegel sank während dieser Periode stetig.

Mit dem Ende der Eiszeit wurde eine Umkehrung eingeleitet. Die Wassermassen wurden dem Meer zurückgegeben. Eine Masseverlagerung nach außen und damit eine Verringerung der Drehgeschwindigkeit war die Folge. Dieser Prozess geht dem Ende zu. Die rasante Zunahme des Abschmelzens der Gletscher ist nur scheinbar. Bei gleichmäßiger Abnahme der Eismassen wird der prozentuale Anteil bezogen auf die

Restmasse logischerweise immer größer. Durch den Rückgang der Eisfläche, verringert sich aber auch die Energieabstrahlung, was zur Erwärmung führt. Auch hier gilt, dass die Anfälligkeit für Störeinflüsse in der Endphase größer wird. Daher kommt die Unberechenbarkeit derartiger Systeme. In diesen Grenzbereichen können zuvor „unwichtige" Einflüsse plötzlich eine entscheidende Rolle spielen.

Magnetische Störeinflüsse

Nun besteht das Erdmagnetfeld nicht nur aus dem Magnetfeld des oben beschriebenen Effekts. Die Erde ist im Innern eine brodelnde Suppe aus geschmolzenem Gestein. Ionisierte heiße Ströme steigen auf und abgekühlte steigen ab. Diese werden zudem noch von der Coriolis-Kraft und anderen Faktoren abgelenkt und beeinflusst. Sie bilden eigene Magnetfelder aus. Diese sind „ungerichtet"; sie sind wie die Urmagnete in der Modeldarstellung aus Punkt 1.1.

Das vom Dynamoprinzip erzeugte Magnetfeld ist aufgrund der Rotationsachse in Nord-Süd Richtung (ungeachtet der Polarität) ausgerichtet und erstreckt sich über die ganze Länge. Daher ist es dominierend; wenn es stark genug ist richtet es die „Urmagnete" aus. Wird es aber schwach oder fällt gar völlig aus, führen diese ein Eigenleben. Dann tanzen die Mäuse auf dem Tisch. Diese einzelnen Magnetfelder können sich gegenseitig verstärken oder schwächen. Es können sich Pole ausbilden - sogenannte Anomalien. Um einen Polwechsel herum herrscht möglicherweise ein magnetisches Chaos.

Wir wissen nicht ob ein Polwechsel bevorsteht oder nicht. Wir wissen nur, dass es Polwechsel gegeben hat und ein Polwechsel überfällig ist. Die derzeitigen Beobachtungen deuten darauf hin. Es kann sich genauso gut um eine vorübergehende Schwäche handeln.

Wir leben nicht mehr zu Dinos Zeiten. Die Verhältnisse haben sich grundlegend geändert. Die Erdrotation hat sich erheblich verlangsamt. Daraus folgt, dass kleinere

Änderungen der Rotation einen größeren Einfluss haben als zu Urzeiten. Es sind nicht nur Masseänderungen, die die Rotationsgeschwindigkeit beeinflussen. Die magnetischen Anomalien erzeugen auch Kraftmomente, die sich akkumulieren können. Je näher wir an einen Polwechsel herankommen umso unberechenbarer wird das Ganze.

Der Schlupf kann auch nur vorübergehend zu null werden. Solange die Erde sich dreht und einen flüssigen Kern besitzt, wird es einen Schlupf geben. Das vom Schlupf verursachte Magnetfeld wird immer eine Nord-Südausrichtung haben. Durch die Reibungsverluste, die der Schlupf verursacht, strebt die Erde einen Ausgleich zwischen Kern- und Mantelrotationsgeschwindigkeit zu. Eine weitere Schwächung des Magnetfeldes ist daher zu erwarten. Ob ein Wechsel der Polarität des Erdmagnetfelds ins Haus steht, hängt nicht zuletzt vom Klima ab. Auch die Eiszeit ist überfällig. Beide Phänomene sind voneinander unabhängig, werden aber von gleichen Faktoren entscheidend beeinflusst. Daher können sie sich gegenseitig stören, aber auch verstärken.

4 Mögliche Folgen eines Polwechsels

Wenn es zum Polwechsel kommt, hat das natürlich auch Einflüsse auf die Erde. Am folgeschwersten wäre wohl ein Wegfall des Schutzes vor dem Sonnenwind. Die Angstmache wegen Hautkreps halte ich jedoch nicht für angebracht. Ein Polwechsel kommt nicht über Nach. Er kann sich über mehrere hundert oder mehrere Tausend Jahre erstrecken. Zeit genug für eine Anpassung. Das Leben passt sich an. Die dunkle Hautfarbe ist bekanntlich ein natürlicher Sonnenschutz. Außerdem kann man sich durch Kleidung vor zu starker Sonnenstrahlung schützen.

Sonnenstürme die auf die ungeschützte Atmosphäre auftreffen lösen EMP´s aus. Natürlich sind diese eine ersthafte Bedrohung unserer Infrastruktur. Unsere Fixierung auf Elektrizität und Elektronik hat unsere Zivilisation von diesen Dingen abhängig gemacht. Man kann elektrische und elektronische Geräte aber EMP-fest machen. Bei elektronischen Geräten für´s Militär ist das längst Standard.

Eine unmittelbare Gefahr besteht nicht. Dennoch sollte man ein Augenmerk darauf haben. Das systematische Erfassen der Messwerte, wie es zurzeit bereits teilweise der Fall ist, wird es uns erlauben rechtzeitig die notwendigen Schutzmaßnahmen zu ergreifen.

Quellen:

1) Buch: Die Theorie über die Komplexe Koexistenz der Erscheinungsformen

2) http://www.chemie.de/lexikon/Elektronenspin.html

3) http://www.giz.wettzell.de/Vortraege/Erdrotation/Rotation_Erde.pdf

4) http://www.bild-der-wissenschaft.de/bdw/bdwlive/heftarchiv/index2.php?object_id=10096232